本书受上海市教育委员会、上海科普教育发展基金会资助出版

蛛网侦察兵

U0101059

上海教育出版社
SHANGHAI EDUCATIONAL
PUBLISHING HOUSE

图书在版编目(CIP)数据

蛛网侦察兵 / 徐蕾主编. – 上海: 上海教育出
版社, 2016.12
（自然趣玩屋）
ISBN 978-7-5444-7344-6

Ⅰ.①蛛… Ⅱ.①徐… Ⅲ.①蜘蛛目 – 青少年读物
Ⅳ.①Q959.226-49

中国版本图书馆CIP数据核字(2016)第287993号

责任编辑　芮东莉
　　　　　黄修远
美术编辑　肖祥德

蛛网侦察兵

徐　蕾　主编

出　　版	上海世纪出版股份有限公司	
	上　海　教　育　出　版　社	
	易文网 www.ewen.co	
地　　址	上海永福路123号	
邮　　编	200031	
发　　行	上海世纪出版股份有限公司发行中心	
印　　刷	苏州美柯乐制版印务有限责任公司	
开　　本	787×1092　1/16　印张1	
版　　次	2016年12月第1版	
印　　次	2016年12月第1次印刷	
书　　号	ISBN 978-7-5444-7344-6/G·6053	
定　　价	15.00元	

目录

C O N T E N T S

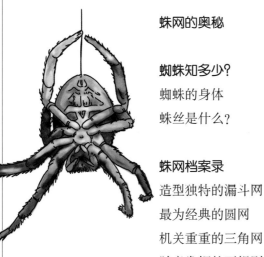

蛛网侦察兵

蛛网的奥秘

当你在野外行走，是否偶遇过悬挂在半空织网的蜘蛛？你可能完全被那只正密谋猎杀的蜘蛛吸引了眼球，而忽视了蛛网的存在。的确，蛛网总是不那么容易被发现，只有在特殊的背景下才会一目了然。其实，蛛网也是一门大学问。所有的蜘蛛都会织网吗？什么样的蜘蛛结什么样的网？现在就来当一名蛛网"侦察兵"，去揭开隐藏在蛛网下的秘密吧！

蛛网侦察兵

蜘蛛知多少?

● 既然要做一名蛛网"侦察兵",首先就需要通过一项检测,看看你对蛛网的制造者——蜘蛛了解多少。

● 请仔细观察图片里主角的构造或行为特征,看看是否有科学性错误。具有敏锐的洞察力,是成为一名合格侦察兵的首要条件。

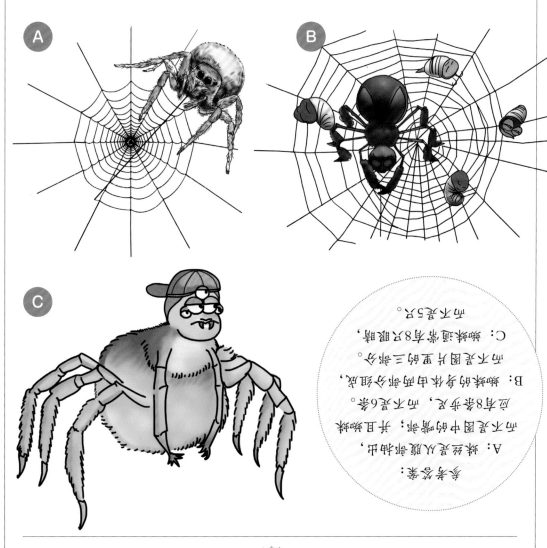

参考答案:
A:蜘蛛是从腹部吐丝,
而不是图中的嘴部;并且蜘蛛应有8条步足,而不是6条。
B:蜘蛛的身体由头胸部和腹部2部分组成,而不是图片里画的三部分。
C:蜘蛛通常有8只眼睛,而不是5只。

蛛网侦察兵

蜘蛛的身体

● 做完前面的热身测试之后，如果你觉得自己关于蜘蛛的知识储备太少了，就赶紧来恶补一下吧！蜘蛛属于节肢动物门蛛形纲蛛形目，从外形上看，由头胸部和腹部两个体段组成，并且有八条腿。

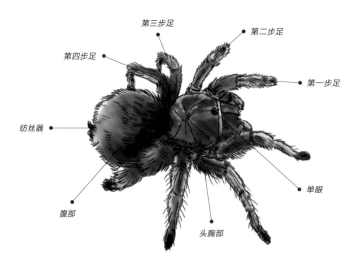

● 猛一看，蜘蛛和昆虫很相似，那它到底是不是昆虫家族中的一员呢？

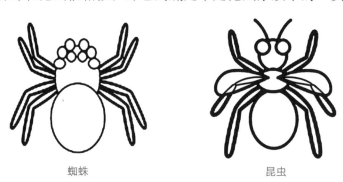

蜘蛛　　　　　　　　　　　昆虫

● 仔细观察蜘蛛和昆虫的对比图，你能发现它们的身体有哪些不同吗？请试着在下面的空格里填上数字，归纳出它们之间的不同之处！

从身体分节来看，蜘蛛由＿＿＿部分组成，而昆虫是由＿＿＿部分组成的。
从它们的眼睛来看，蜘蛛通常有＿＿＿个单眼，而昆虫通常有＿＿＿个复眼或单眼。
从它们的步足（腿）来看，蜘蛛有＿＿＿条腿，而昆虫只有＿＿＿条腿。

答案：2，3；8，2；8，6。

蛛网侦察兵

蛛丝是什么？

● 想要成为一名优秀的蛛网"侦察兵"，你必须要搞清楚蛛丝到底是什么。

卵巢

消化管

肛门

丝腺

就是这里啦！这些丝会经由各种通道，最后从腹部后端的纺丝器里拉出。

● 原来，蛛丝是蜘蛛的特殊分泌物，它们会根据不同的需求，由体内不同的腺体（丝腺）合成具有不同功能的蛛丝。回忆一下，《西游记》里蜘蛛精的蛛丝是从哪里产生的？没错！是腹部！

● 不同的蛛丝虽然都由蜘蛛腹部产生，但我们看起来外观相差无几的蛛丝其实有着很多不同的类型。要成为一名优秀的蛛网"侦察兵"，怎么能不知道蛛丝的类型呢？

● 下面是不同种类的蛛丝的定义，以及不同种类的蛛丝的图片。请通过自己的判断进行连线。

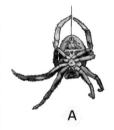

A

B

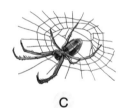

C

D

a. 卵囊丝

用于制造卵囊。由外部延展性差、易断的框架丝和延展性好的内层丝两部分组成。

b. 缠丝（捕带）

用于绑住猎物。表面附着一层水溶性的黏性物质，可以很好地适应空气湿度变化，还可以破坏猎物的神经系统。

c. 曳丝

蜘蛛行走时，在后面牵着的一条丝。通常由2根细丝纤维构成，直径2~3.5微米。

d. 网丝

用于编织捕食猎物的蛛网。一张蛛网上分布的网丝是多种多样的，有柔软的螺旋丝，也有坚韧的辐射丝。

答案：A-c；B-b；C-d；D-a。

蛛网侦察兵

蛛网档案录

● 蜘蛛是如何运用比毛发还纤细的蛛丝来编织蛛网的呢？并且还要保证它具有抗风、便于行动、拦截猎物的功能？下面是最常见的一种圆网的基本构造。

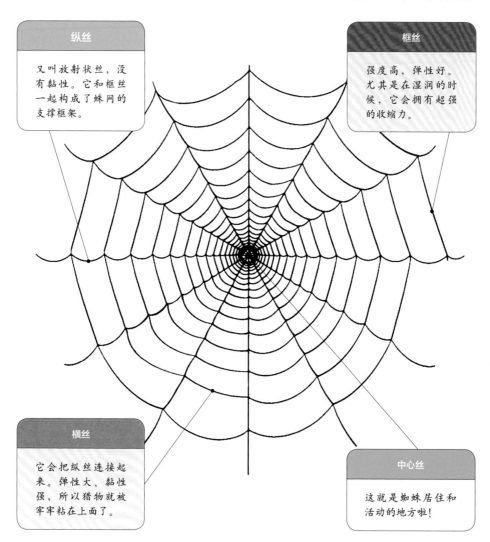

纵丝

又叫放射状丝，没有黏性。它和框丝一起构成了蛛网的支撑框架。

框丝

强度高，弹性好。尤其是在湿润的时候，它会拥有超强的收缩力。

横丝

它会把纵丝连接起来。弹性大、黏性强，所以猎物就被牢牢粘在上面了。

中心丝

这就是蜘蛛居住和活动的地方啦！

● 除了圆网，自然界里还有各种各样的蛛网，小小侦察兵，来好好认识一下吧！

蛛网侦察兵

造型独特的漏斗网

- **嫌疑网：** 漏斗网。
- **出没地点：** 温暖地区，荒原或岩石地带。
- **嫌犯：** 管蛛、悉尼漏斗网蜘蛛等。
- **作案特点：** 经常出现在地洞内，由波纹状的蛛丝织成，形成一个管状网。为了防潮，网的顶部会覆盖一层厚厚的蛛网。
- **被害者：** 甲虫和其他带有硬壳的小动物。
- **侦察难度系数：** ★ ★ ★ ★ ☆

● 如果你侦查到了这类蛛网或是接下来的几类蛛网，记得一定不要去触碰它们的制造者，因为这些蜘蛛通常都有一定的毒性。只需要用相机给它留个影就好，回家再慢慢研究。

最为经典的圆网

- ■ **嫌疑网：** 圆网。
- ■ **出没地点：** 有风或潮湿的地方。
- ■ **嫌犯：** 大腹园蛛、圆网十字园蛛等。
- ■ **作案特点：** 圆网的捕食面很大，但消耗的材料却很少。
- ■ **被害者：** 蝗虫、蟋蟀、蝶类、苍蝇、黄粉虫等昆虫。
- ■ **侦察难度系数：** ★ ★ ☆ ☆ ☆

● 大腹园蛛是最典型的织圆网的蜘蛛了。你知道大腹园蛛的网通常有几条纵丝和几条横丝吗？快去角落里数数它们吧！

答案：大腹园蛛在屋檐下、窗户、园圃、房屋篱笆上，树上及杂作物的支架上结圆网。多数网呈垂直状，直径在1.5米以上。一般在傍晚时结网，网上约有15~22条纵丝，10~15条横丝。

机关重重的三角网

- ■ **嫌疑网：** 三角网。
- ■ **出没地点：** 杉树上。
- ■ **嫌犯：** 松树三角蛛、三角蚖蛛等。
- ■ **作案特点：** 这类网不具有黏性，而且有些褶皱。网上设置"机关"，当有昆虫撞上时，嫌犯马上调节机关收紧或放松，让猎物无法逃脱。
- ■ **被害者：** 蚊子、苍蝇等昆虫。
- ■ **侦察难度系数：** ★ ★ ★ ☆ ☆

蛛 网 侦 察 兵

随意发挥的不规则网

- **嫌疑网：**不规则网。
- **出没地点：**低矮植物丛等。
- **嫌犯：**球腹蛛、毒寇蛛等。
- **作案特点：**不规则网被挂在起支撑作用的蛛丝上，下垂形成一个加固的底座。当昆虫经过时，就被牢牢地黏附在蛛丝上。嫌犯会用后腿从纺器中抽出一种由黏液和蛛丝组成的混合物，投向猎物。
- **被害者：**叶蝉、飞虱等。
- **侦察难度系数：**★★★☆☆

● 现在，你的知识库里是不是又添加了很多不同类型的蛛网信息？接下来，请你再想一想：吐丝织网是每只蜘蛛的必备技能吗？

答案：所有的蜘蛛都有吐丝的习性，但不是所有的蜘蛛都会织网。其中会织网的“造网性蜘蛛”不到蜘蛛总数的一半。你可以去查查资料，看看不会织网的蜘蛛有哪些。

自然探索坊

挑战指数： ★ ★ ★ ☆ ☆
探索主题： 寻找和观察不同的蛛网
你要具备： 节肢动物基础知识、强烈的好奇心和不畏艰苦的精神
新技能获得： 一般田野调查的步骤和方法、细心和耐心

蛛网侦察计划

● 学习了这么多蛛网的知识后，是不是觉得自己可以成为一名合格的"侦察兵"了？接下来，就大展身手，去探索蛛网世界吧！但是出发前，先得制订一个既科学又安全的侦察计划。

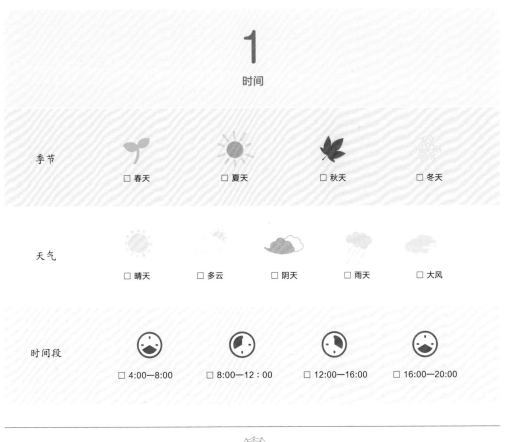

季节	□ 春天	□ 夏天	□ 秋天	□ 冬天
天气	□ 晴天	□ 多云	□ 阴天	□ 雨天	□ 大风
时间段	□ 4:00—8:00	□ 8:00—12:00	□ 12:00—16:00	□ 16:00—20:00

蛛 网 侦 察 兵

2

地点

 □ 森林

 □ 草原

 □ 农田

 □ 河边

 □ 花园

 □ 屋内

3

工具

 □ 放大镜

 □ 文具

 □ 手电筒

 □ 照相机

 □ 望远镜

 □ 参考书

4

实战侦查日志

你可以把侦察到的蛛网填在表格里记录下来。

档案	照片或图画
嫌疑网：	
出没地点：	
嫌犯：	
作案特点：	
被害者：	
侦查难度系数：	
嫌疑网：	
出没地点：	
嫌犯：	
作案特点：	
被害者：	
侦查难度系数：	

蛛 网 侦 察 兵

圆网的编织

● 你已经学习了圆网的基本构造，但是这样一张复杂的网，蜘蛛是怎样一步步编织出来的呢？下面有7幅图画，很好地描述了圆网的编制过程，快开动脑筋，把正确序号填在括号里吧！

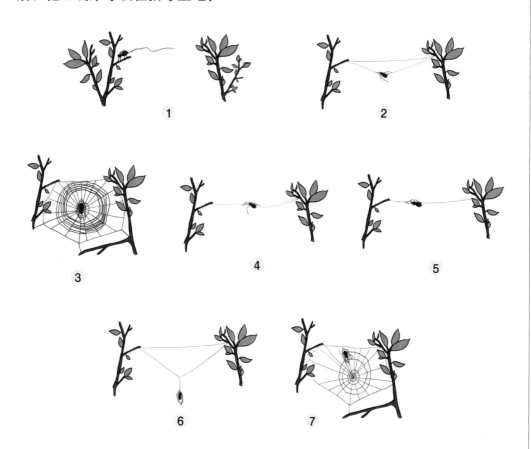

● **十字园蛛的结网过程：**蜘蛛正在通过纺器吐丝（　　）。蜘蛛用蛛丝在植物间搭起了一座桥（　　）（　　）。在桥的中间，蜘蛛用丝将自己吊下（　　），并将蛛丝织成Y形（　　）。现在，蜘蛛就要从网的中心向外拉出纵丝和框丝，然后拉出辅助的横丝（　　），最后，蜘蛛再由外缘向中心反方向结网。这些横丝有黏性，专门用于捕捉昆虫。看，十字园蛛在结好的圆网上（　　）准备伏击昆虫了。

答案：1—5—4—2—6—7—3

蛛网侦察兵

奇思妙想屋

● 经过野外实战，你已经是一名合格的"侦察兵"了！现在，请发挥想象力和创造力，制作一个可以以假乱真的蛛网。

材料准备： ☐ 纸质盘子　　　☐ 粗线　　　☐ 缝衣针

制作步骤：

1. 将纸盘中间部分镂空，边缘剩余 3cm 宽，并在边缘中央戳 10~12 个洞。
2. 用针将线穿过这些洞形成蛛网的纵线，再利用另一根单独的线构造出蛛网的横线。

● 你还可以脑洞大开，创造出不同形状的蜘蛛网。完成的作品请拍照上传至上海自然博物馆官网以及微信"兴趣小组—自然趣玩屋"，和大家一起分享你的作品吧！

蛛网侦察兵